BEI GRIN MACHT SICH IHR WISSEN BEZAHLT

AF146036

- Wir veröffentlichen Ihre Hausarbeit, Bachelor- und Masterarbeit

- Ihr eigenes eBook und Buch - weltweit in allen wichtigen Shops

- Verdienen Sie an jedem Verkauf

Jetzt bei www.GRIN.com hochladen und kostenlos publizieren

Bibliografische Information der Deutschen Nationalbibliothek:

Die Deutsche Bibliothek verzeichnet diese Publikation in der Deutschen National-
bibliografie; detaillierte bibliografische Daten sind im Internet über http://dnb.d-
nb.de/ abrufbar.

Impressum:

Copyright © 2015 GRIN Verlag
Druck und Bindung: Books on Demand GmbH, Norderstedt Germany
ISBN: 9783668849082

Dieses Buch bei GRIN:

https://www.grin.com/document/452284

Tobias Schilling

Reflexion des Produkts der Bachelorarbeit unter Berücksichtigung der Nutzungsmöglichkeiten neuer Medien

GRIN Verlag

GRIN - Your knowledge has value

Der GRIN Verlag publiziert seit 1998 wissenschaftliche Arbeiten von Studenten, Hochschullehrern und anderen Akademikern als eBook und gedrucktes Buch. Die Verlagswebsite www.grin.com ist die ideale Plattform zur Veröffentlichung von Hausarbeiten, Abschlussarbeiten, wissenschaftlichen Aufsätzen, Dissertationen und Fachbüchern.

Besuchen Sie uns im Internet:

http://www.grin.com/

http://www.facebook.com/grincom

http://www.twitter.com/grin_com

Universität Bielefeld
Fakultät für Erziehungswissenschaften

Reflexion des Produkts der Bachelorarbeit unter Berücksichtigung der Nutzungsmöglichkeiten neuer Medien

Fallstudienprojekt

SoSe 2013 bis SoSe 2015

Studierender: Tobias Schilling
Studiengang: Lehramt GymGe/.M.Ed. (Chemie und Sozialwissenschaften)

Abgabedatum: 04.05.2015

Inhaltsverzeichnis

Inhaltsverzeichnis

1. Einleitung

Das Studium des Master of Education für das Lehramt an Gymnasien/Gesamtschulen an der Universität Bielefeld im Studienmodell 2002 sieht eine Fallstudie vor. In dieser soll „wissenschaftlich gesichertes Wissen […] individuell auf den jeweiligen Fall [angewendet werden]."[1] Dabei sollen „Handlungsmöglichkeiten mit ihren Vor- und Nachteilen und möglichen (auch paradoxen) Effekten in den Blick genommen werden."[2] Für die vorliegende Fallstudie ist durch die technische und praktische Umsetzung des Produkts der Bachelorarbeit von Tobias Schilling mit dem Titel: „Entwicklung und Erprobung eines linearen Lernprogramms zur Auswertung eines ausgewählten *teutolab*-Experimentes mit Hilfe neuer Medien." ein entsprechender Fall gegeben. Die Arbeit aus 2013 ist zwei Jahre später im Hinblick auf den Forschungsstand der Erziehungswissenschaft aus mehreren Gründen kritisch reflektierbar, wie nachfolgend aufgezeigt wird.

Die Bachelorarbeit wurde von der Arbeitsgruppe Physikalische Chemie I unter der Leitung von Frau Prof.'in Dr. Kohse-Höinghaus betreut. Die Einbettung eines medienpädagogischen Themas in einen chemisch-fachwissenschaftlichen Kontext ist dem Umstand geschuldet, dass die Arbeitsgruppenleiterin dem *teutolab* Chemie der Universität Bielefeld nicht im didaktischen Sinne vorsteht, dennoch als Betreuung der Abschlussarbeiten fungiert. Bedingt durch laufende Schulferien und der Einstellung der für die Bachelorarbeit ausgewählten Experimente in der Bearbeitungszeit wurde das Projekt nachträglich in eine dem *teutolab* Chemie entkoppelte Arbeit umgewandelt.

Statt chemischen Inhalten, z.B. der Entwicklung neuer Experimente, wurde ein mediendidaktisches Projekt vorgegeben. Das Produkt der Bachelorarbeit sollte ein Lernprogramm[3] werden. Dieses sollte plattformunabhängig nutzbar sein und nach den Prinzipien der operanten Konditionierung nach Skinner Schüler*innen die Möglichkeit einer auf sich alleine gestellten Auswertung von Experimenten bieten. Diese Form wird „programmierte Unterweisung" genannt, welche in den 70er Jahren innerhalb des Konzepts des Behaviorismus entwickelt wurde, einem Gebiet pädagogischer Psychologie.[4] Die aktuelle Lehrmeinung der Erziehungswissenschaft bemängelt dieses Konzept als mangelhaft.[5] Eine kritische Reflexion ist in diesem Punkt unabdingbar. Neben theoretischer Schwachpunkte wurden in der Praxis Mängel deutlich, da z.B. die Erprobung des Programms in der teilnehmenden Beobachtung Ergebnisse lieferte, die auf den ersten Blick kaum konstruktivistische Elemente enthielten.

---

[1] Koring, Bernhard. Grundprobleme pädagogischer Berufstätigkeit, Bad Heilbrunn/Obb.: Klinkhardt, 1992, S. 69.

[2] Kiper, Hanna. *„Fallverstehen" – Überlegungen zur Professionalisierung von Lehrerhandeln.* In: PF: ue 31./22. Jg., Nr. 2/2003, S. 102.

[3] Anmerkung: Solang nicht anders gekennzeichnet, ist mit dem Begriff „Lernprogramm" im Verlauf dieser Arbeit das Produkt der Bachelorarbeit gemeint.

[4] vgl. Skinner, B. F. *The Technology of Teaching.* New York: Appleton-Century-Crofts, 1968, Nachdruck 2003 der B.F.Skinner Foundation, S. 10ff.

[5] vgl. Kerres, Michael. *Multimediale und telemediale Lernumgebungen. Konzeption und Entwicklung.* München: Oldenbourg Wissenschaftsverlag, 2001, S. 65.

Weiterhin ist das erstellte Lernprogramm in relativ trivialer Programmierweise gehalten. Problematisch war, dass die geforderten Programmfunktionen und -inhalte relativ umfangreich waren und die Realisierung dessen von einem Studierenden ohne Kenntnisse im Bereich der Informatik erwartet wurde. Das Produkt musste ohne Hilfestellung dritter innerhalb von drei Monaten fertiggestellt werden.

Daher sollte geklärt werden, ob die technische Umsetzung einen Einfluss auf Schüler*innen in medienpädagogischer Hinsicht haben könnte. Als Grundlage für die erstellten Lernprogramme wurden zwei *teutolab* Chemie-Experimente für neunte und zehnte Jahrgangsstufen gewählt.

Aus den genannten Gründen heraus wird die Annahme getroffen, dass die Bachelorarbeit in technischer als auch in medienpädagogischer Hinsicht Mängel aufweisen könnte, die die vorliegende Fallstudie versucht kritisch zu reflektieren.

Im dem auf den Bachelor folgenden Masterstudium wurden Kenntnisse in den Medienwissenschaften sowie der Erziehungswissenschaft erworben, speziell der allgemeinen Didaktik und Medienpädagogik.[6] Dies befähigt zu einer kritischen Reflexion der Bachelorarbeit auf die vermuteten Mängel.

Die Reflexion des Produkts der Bachelorarbeit bietet zahlreiche Möglichkeiten für persönliche Erkenntnisgewinne: Es können u.a. Qualität und Quantität der im Masterstudium erworbenen Kompetenzen abgeschätzt werden; darüber hinaus kann eine Auseinandersetzung mit Problemen stattfinden, die sich aus einem selbst erstelltem Produkt ergeben haben. Der Fokus liegt dabei auf der Findung passender Lösungen. Diese können einen Beitrag in Bezug auf den eigenen Lehrerberuf leisten, um gemachte Fehler nicht zu wiederholen und vor Allem persönliche Kenntnisse um die Möglichkeiten und den korrekten Einsatz neuer Medien im Schulunterricht zu verbessern. Nach der Einleitung in das Thema der Fallstudie wird im Folgenden die Gliederung der Arbeit vorgestellt.

1.1 Gliederung

Die Fragestellung unter dem Titel „Reflexion des Produkts der Bachelorarbeit unter Berücksichtigung der Nutzungsmöglichkeiten neuer Medien" soll daher sein, ob die Bachelorarbeit Mängel in technischer als auch medienpädagogischer Hinsicht enthält und wie diese verbessert werden könnten.

Dafür wird in einem ersten Teil der Fallstudie das Lernprogramm der Bachelorarbeit vorgestellt. Es wird zunächst der theoretische Hintergrund und die technische Umsetzung beschrieben, die Erprobungsphase umrissen sowie Erkenntnisse und Besonderheiten der teilnehmenden Beobachtung genannt. Vor der anschließenden Reflexion des Lernprogramms werden Grundlagen der Medienpädagogik definiert, mit Hilfe derer der einerseits technische und andererseits medienpädagogische Gehalt des Lernprogramms kritisch reflek-

---

[6] vgl. *Planungshilfe für Studierende: Studienleistungen für den Master GymGe – Erziehungswissenschaft*. http://www.uni-bielefeld.de/erziehungswissenschaft/pruefungsamt/download/Planungshilfe_MEd_GG.pdf, S. 1ff., zuletzt geöffnet am 14. März 2015, 12:05 Uhr.

tiert wird. Es soll weiterhin allgemein geklärt werden, inwiefern das Programm konstruktivistisch ausgerichtet ist und damit aktueller Didaktik genügt.

Darüber hinaus werden die Möglichkeiten des Einsatzes von neuen Medien und Lernprogrammen im Chemieunterricht exemplarisch dargestellt. Es wird aufgezeigt, welche neuen Medien im Chemieunterricht denkbar sowie welche in den Curricula der verschiedenen Schulformen vermerkt sind und inwiefern neue Medien im Chemieunterricht eine Rolle spielen können.

Abschließend werden in einem Fazit die Ergebnisse der Reflexion zusammengefasst. Darauf aufbauend werden die persönlichen Erkenntnisgewinne der Fallstudie genannt. Die Fallstudie endet mit einem Ausblick, der die aus der Fallstudie gezogenen Rückschlüsse für den zukünftigen, eigenen Lehrer*innenberuf darstellt.

2. Realisation

Die Realisierung des Fallstudienprojekts ist mehrteilig. Sie besteht zum Einen aus der Erstellung des Programms selbst, zum Anderen aus der Erprobung. Daher werden diese Punkte im Folgenden getrennt behandelt.

2.1 Realisation des Lernprogramms

Die Realisation des Lernprogramms lässt sich in zwei Abschnitte gliedern: Die Planung des pädagogisch und technischen Hintergrunds in der Theorie, welche in Abschnitt 2.1.1 behandelt wird, sowie die anschließende technische Umsetzung in Abschnitt 2.1.2.

2.1.1 Theoretischer Hintergrund

Das *teutolab* Chemie der Universität Bielefeld bietet Schüler*innen von 9 bis 19 Jahren die Möglichkeit, „mit allen Sinnen [selbst] zu experimentieren".[7] In einer Hospitation im *teutolab* Chemie wurde festgestellt, dass die sich den Experimenten anschließende Auswertung zunächst in Gruppenarbeit geschieht, danach im Plenum in Form von Frontalunterricht. Diese Unterrichtsart geht zu Lasten der im *teutolab* Chemie angestrebten Autonomie der Schüler*innen. Dies war ausschlaggebend für die Weisung der Betreuung der Bachelorarbeit, das anfängliche Vorhaben der Arbeit, eine Versuchsreihe für Schüler*innen zu entwickeln, zu ändern. Stattdessen sollten Lernprogramme zur Auswertung von zwei Experimenten entwickelt werden. So könnten Schüler*innen die Möglichkeit zur Bestimmung von Lernort, -zeit und -tempo geboten werden.[8]

Die Spezifikationen des Programms sollten laut der Betreuung der Bachelorarbeit folgende Punkte umfassen:

1. Aufbau im Stil der „programmierten Unterweisung" nach Frederic Skinner und Norman Crowden.

---

[7] Siehe http://www.uni-bielefeld.de/teutolab/fachorientiert/chemie/index.html, zuletzt geöffnet am 23.03.2015, 21:54 Uhr.

[8] vgl. Schaub, H und Zenke, K. *Wörterbuch Pädagogik*. München: dtv, 1. Aufl., 1999, S. 276.

2. Lauffähigkeit auf allen verfügbaren Computer-System, inklusive Mobile Devices.

3. Kostenlose Erstellung und Nutzung.

Die Erstellung des Projekts wurde trotz des Hinweises gefordert, dass der Ausführende keine Kenntnisse in der Informatik besäße. Daher wurden zunächst diesbezüglich Recherchen angestellt.

Bei der „programmierten Unterweisung" handelt es sich um kleine Lerneinheiten und Lernschritte, die linear aufgebaut sind und selbstständig von Lernenden durchgearbeitet werden. Hierbei werden durch häufige Kontrollen Rückmeldungen über den Lernerfolg gegeben. Die linearen Programme werden durch Verzweigungen erweitert.[9]

Der Ablauf besteht aus Informationstexten, denen Multiple-Choice-Fragen folgen, die vorwiegend typische Fehlvorstellungen über den Textgehalt abfragen. Wird die Frage richtig beantwortet, darf der Lernende zum nächsten Informationstext bzw. zur nächsten Frage übergehen, bei falscher Beantwortung muss ein dem Grad der falschen Beantwortung entsprechender sekundärer Lernpfad eingeschlagen werden, bis die Ausgangsfrage richtig beantwortet wird.[10] Diese Programmart ist, wie in der Einleitung bereits beschrieben, zum Einen mehrere Jahrzehnte alt und in der Erziehungswissenschaft umstritten, zum Anderen wurde sie von konstruktivistisch angelegten Lernprogrammen ersetzt.[11]

Dennoch sollten nach diesen Regeln zwei Programme zur Auswertung von zwei Experimenten des *teutolabs* Chemie entworfen werden. Dabei handelt es sich um die „Fraktionierte Destillation von Orangenöl" sowie den „Vergleich von Citronensäure mit Salzsäure und Essigsäure durch Titration", welche für neunte und zehnte Jahrgangsstufen konzipiert sind.[12]

Die Bezeichnung „Lernprogramm" bezeichnet hier nicht ein in einer Programmiersprache z.B. für Computer erstelltes Programm, sondern kennzeichnet lediglich den beschriebenen theoretischen Aufbau. Die technische Umsetzung zur Nutzung mittels neuer Medien wird im folgenden Abschnitt beschrieben.

2.1.2 Technische Realisierung

Die Erstellung des Lernprogramms erfolgte in HTML. Die zum Teil eingebauten interaktiven Elemente beruhen auf JavaScript. Somit kann es in einem beliebigen Webbrowser aufgerufen werden und ist plattformunabhängig. Des Weiteren lässt sich das Programm auf dem Webspace des *teutolabs* Chemie speichern, der gratis vom Hochschulrechenzentrum der Universität Bielefeld zur Verfügung gestellt wird. Damit sind die geforderten Spezifikationen an das Lernprogramm eingehalten worden.

---

[9] vgl. Crowder, N. A. *Automatic Tutoring by Means of Intrinsic Programming*. In: Galanter, E. *Automatic Teaching: the State of the Art*. New York: John Wiley and Sons, Inc., 1959, S. 109ff.

[10] vgl. Stadtfeld, P. *Allgemeine Didaktik Und Neue Medien*. Bad Heilbrunn/Obb.: Klinkhardt, 1. Aufl., 2004, S. 70.

[11] vgl. Niegemann, H. M. *Kompendium Multimediales Lernen*. Berlin, Heidelberg: Springer-Verlag, 1. Aufl., 2008. S. 3ff. et al.

[12] Heuermann, Martina. *teutolab Chemie. Sekundarstufe I.* http://www.uni-bielefeld.de/teutolab/fachorientiert/chemie/angebot/sekl.html, zuletzt geöffnet am 13. März 2015, 10:54 Uhr.

Um das Programm zu schreiben, wurden Kenntnisse in HTML und JavaScript benötigt. Recherchen ergaben, dass es Autorenprogramme gegeben hat, die Scripte in diesen Sprachen erzeugen. Ein Autorenprogramm, welches Lernprogramme des geplanten Designs erzeugen kann, bot der Markt nicht an. Daher wurden verschiedene Bücher zur Einführung in HTML[13] [14] und Autorenprogramme für einzelne Features des Lernprogramms verwendet, z.B. „Quiz-Script"[15] und „MC-Editor"[16].

Die einzelnen Programmteile sind in ein einheitliches Design gebracht und mittels Hyperlinks verbunden worden, die sich hinter den Fragen oder Hinweisen verbergen. Wird das Programm aufgerufen, können hohe Sicherheitseinstellungen eines Browsers das Abspielen von JavaScript blockieren; daher wird zu Beginn des Lernprogramms der Hinweis gegeben, entsprechende Sicherheitsfragen mit „Ja" zu beantworten. Die in einem der Lernprogramme eingebettete Videodatei ist im MP4-Dateiformat und sollte von jedem gängigen Videowiedergabeprogramm abgespielt werden. Die eingebauten Bilder sind im JPEG-Dateiformat. Da die vom Browser zu ladenden Dateien relativ klein sind, wird eine flüssige Durchführung durch schnelles Laden der Elemente gewährleistet. Um sich verschiedenen Bildschirmgrößen anzupassen, skaliert sich das Lernprogramm automatisch.

Nachdem die erste lauffähige Version eines Lernprogramms für das Experiment „Fraktionierte Destillation von Orangenöl" fertig war, wurde diese getestet. Die Erprobung einer Beta-Version und des finalen Programms sowie sich daraus ergebende Erkenntnisse werden im Abschnitt 2.2 beschrieben.

2.2 Erprobung des Lernprogramms

Zunächst wurden die Beta-Versionen des Lernprogramms für die Auswertung des Versuchs „Fraktionierte Destillation von Orangenöl" mit Hilfe einzelner Schüler*innen verschiedener Altersstufen an verschiedenen Versuchstagen im *teutolab* Chemie getestet, die den entsprechenden Versuch durchgeführt hatten.

Aufbauend auf die Erkenntnisse dieser Erprobungsphase wurde das finale Produkt am 23. September 2013 im Chemieunterricht eines EF-Kurses am Einstein-Gymnasium Rheda-Wiedenbrück eingesetzt. Der Standortwechsel vom *teutolab* Chemie resultierte aus der Einstellung des Experimentes im *teutolab* Chemie in der Erprobungszeit des Lernprogramms. Das Lernprogramm für das zweite Experiment wurde nach der Erprobung des ersteren erstellt und nicht in der Praxis getestet.

Die Erprobungsphasen der unterschiedlichen Entwicklungsstufen des Lernprogramms werden nachfolgend getrennt voneinander beschrieben. Die Erprobungen waren jeweils in Form

---

[13] Jendryschik, M. *Einführung in XHTML, CSS Und Webdesign. Programmer's Choice.* München [u.a.]: Addison-Wesley, 1. Aufl., 2009.

[14] Tittel, Ed. *HTML 4 Für Dummies.* Bonn: mitp, 2003.

[15] Siehe http://www.felix-riesterer.de/main/seiten/quiz-script.html, zuletzt geöffnet am 25.03.2015, 11:30 Uhr.

[16] Siehe http://www.ziemke-koeln.de/download/, zuletzt geöffnet am 25.03.2015, 11:31 Uhr.

teilnehmender Beobachtungen konzipiert und nicht alle Beobachtungen können thematisch dieser Fallstudie zugeordnet werden, da diese teilweise auf fachwissenschaftlicher Chemie oder Genderfragen basieren. Daher werden in einem weiteren Gliederungspunkt nur die für die Prüfung der technischen und medienpädagogischen Aspekte erforderlichen Erkenntnisse und Besonderheiten aufgeführt.

2.2.1 Erprobung der Beta-Versionen des Lernprogramms zur „Fraktionierten Destillation von Orangenöl"

Das Lernprogramm wurde zunächst in einer Beta-Version von unterschiedlichen Schüler*innen durchgeführt, die an vier verschiedenen Tagen dem auf das Programm zugeschnittene Experiment zugeteilt wurden. Die Erprobung wurde als teilnehmende Beobachtung angelegt. Der Fokus bei der Erprobung lag auf dem Finden von Bugs, Schreib-/Grammatik- sowie fachwissenschaftlichen Fehlern. Andere Aspekte, beispielsweise des Lerneffekts betreffend, konnten nicht erforscht werden, da die Schüler*innen neben dem Lernprogramm an der Auswertung des Versuchs im Plenum im Stil eines Frontalunterrichts teilnehmen sollten.

Das Programm wurde von einem USB-Stick aus auf einem 15-Zoll messendem Laptop mit „Windows"-Betriebssystem und dem „Firefox"-Browser durchgeführt. Den Laptop bedienten jeweils drei Schüler*innen und der Entwickler gleichzeitig. Mittels der Ergebnisse konnten überwiegend sprachliche Fehler im Lernprogramm behoben werden. Da in der vierten teilnehmenden Beobachtung keine weiteren Bugs oder sonstige Fehler gefunden wurden, ging das Lernprogramm somit nach drei Beta-Phasen in die finale Version über. Die Erprobung dessen wird im folgenden Unterabschnitt 2.2.2 beschrieben.

2.2.2 Erprobung der finalen Version des Lernprogramms zur „Fraktionierten Destillation von Orangenöl"

Die finale Version des Lernprogramms zur Auswertung des Experiments „Fraktionierte Destillation von Orangenöl" wurde am 23. September 2013 in einer Doppelstunde eines EF-Kurses, bestehend aus 14 Schüler*innen am Einstein-Gymnasium in Rheda-Wiedenbrück, getestet. Es wurde teilnehmend beobachtet. Für die Durchführung des Experiments war die erste Unterrichtsstunde vorgesehen. Zu Beginn der zweiten Stunde sollte das Lernprogramm durchgeführt werden.

Die Betreuung der Bachelorarbeit wünschte im Vorfeld, dass die Schüler*innen das Lernprogramm mit ihren Smartphones durchgehen sollen. Die betreuende Lehrkraft sicherte zu, dass alle Schüler*innen des Kurses über ein solches Gerät verfügen würden. Daher wurde vor Beginn der Auswertung durch das Lernprogramm mündlich erfragt, ob alle Schüler*innen ihr Smartphone jeweils dabei hätten und zur Auswertung nutzen würden. Auf eine einstimmige Zusicherung wurde ein Shortlink zum Lernprogramm an die Tafel geschrieben. Aufgrund ungenügender WLAN- sowie Handynetzabdeckung und nachträglicher Information von drei Schüler*innen, ihr Smartphone entgegen der vormaligen Meldung nicht nutzen zu wollen, wechselte der Kurs in den benachbarten Computerraum.

Das Lernprogramm wurde auf dem Zentralrechner gespeichert, auf den die Schüler*innen Zugriff hatten. Es standen 14 Computer zur Verfügung, sodass auf jede*n Schüler*in ein eigener Rechner kam. Die Zeitdauer der Durchführung des Lernprogramms belief sich auf minimal acht bis maximal 21 Minuten.

Die Erkenntnisse und Besonderheiten, die sich aus der teilnehmenden Beobachtung in Bezug auf ein Lernprogramm-gestütztes Auswerten eines Chemie-Experimentes ergaben, werden im Folgenden Unterabschnitt 2.2.3 ausgeführt.

2.2.3 Erkenntnisse und Besonderheiten der teilnehmenden Beobachtung

Die Erprobung der drei Beta-Versionen des Lernprogramms für das Experiment „Fraktionierte Destillation von Orangenöl" brachte überwiegend Fehler im Programm selbst zum Vorschein. So wurden Rechtschreibfehler behoben, falsch verlinkte Seiten korrigiert und die Schrift vergrößert. Auffällig war, dass die Schüler*innen bei der Durchführung nach dem Anklicken falscher Antworten mit der Folge eines Hinweises und separaten Lernpfads relativ schnell an Motivation verloren. Darüber hinaus merkten die Schüler*innen scheinbar, dass es sich um eine Erprobung einer Beta-Version handelte, da ihnen auffiel, dass sie die einzigen aus der Großgruppe der anwesenden Schüler*innen waren, die einen Teil der Versuchsauswertung am Computer erledigen durften. Der Eindruck schien sich zu verstärken, da sie sich nach gefundenen Bugs oder sonstigen Fehlern nicht mehr auf den fachwissenschaftlichen Inhalt, sondern auf eine Fehlersuche im Programm fokussierten. Die folgende Erprobung der finalen Version lieferte vergleichsweise mehr Erkenntnisse über technische und didaktische Mängel am Lernprogramm.

Die Erprobung sollte zunächst auf den Smartphones der Schüler*innen stattfinden, was theoretisch problemlos, in der Praxis jedoch nicht möglich war. Vier Schüler*innen verfügten über hochwertige und aktuelle Smartphones, was laut Kommentaren der sie umgebenden Schüler*innen für Interesse am jeweiligen Gerät sorgte. Diese Schüler*innen packten ihre eigenen, meist preiswerten oder relativ alten Smartphones wieder ein, um gemeinsam mit den Schüler*innen, die im Besitz der hochwertigeren oder neueren Modelle waren, das Lernprogramm gemeinsam zu lösen.

Hier stand nicht das Programm, sondern klar die Faszination der neueren oder hochwertigeren Geräte im Vordergrund. Es ist denkbar, dass die drei Schüler*innen, die ihre vorherige Zusage, ihr Smartphone dabei zu haben und nutzen zu wollen, zurückzogen, um sich dem Vergleich der Smartphone-Modelle zu entziehen.

Es wurde zudem deutlich, dass für den Abruf des Programms von einem Web-Server eine stabile Internetverbindung bestehen musste. Aufgrund einer mangelhaften WLAN-Stärke sowie einzelner Empfangsprobleme des mobilen Internets einzelner Schüler*innen im Unterrichtsraum war das Programm nicht auf allen genutzten Smartphones zuverlässig abrufbar. Es kam zu Beschwerden über Verbindungsabbrüche.

Wegen dieser Probleme wurde die Auswertung in den nahe gelegenen Computerraum verlegt. Da genügend Computer zur Verfügung standen, konnte jede*r Schüler*in das Programm alleine lösen. Zu Beginn der Durchführung stellte ein Schüler eine Frage, die er jedoch direkt zurückzog. Ansonsten gab es über die Nutzungszeit des Lernprogramms aus nur die Interaktion der Schüler*innen mit ihren jeweiligen Computern. Der Geräuschpegel im Raum wurde vom Lüftergeräusch der Rechner dominiert. Schüler*innen, die häufig falsche Antworten im Lernprogramm auswählten, schienen demotivierter. Trotzdem traten sie nicht in Kontakt zu ihren Nachbar*innen, noch versuchten sie, von den Bildschirmen der anderen Schüler*innen abzulesen. Die Schüler*innen, die das Programm abgeschlossen hatten, blieben ohne besonderen Hinweis ruhig vor ihrem Rechner sitzen, schauten auf den Bildschirm und öffneten keine anderen Programme. Als alle Schüler*innen das Lernprogramm beendet hatten, gab es von der betreuenden Lehrkraft den Hinweis, den Raum zu verlassen. Erst ab diesem Zeitpunkt hob sich der Geräuschpegel wieder an. Die Schüler*innen begannen, wieder miteinander zu sprechen, jedoch waren die Themen alltäglicher Natur und bezogen sich nicht auf das Lernprogramm oder dessen Inhalt. Die Begeisterung unterhalb der Schüler*innen hielt sich in Grenzen. Während der wenige Minuten dauernden Durchführung konnten keine Ermüdungserscheinungen bei den Schüler*innen beobachtet werden.

Bei einer nachträglichen Danksagung vor dem Kurs kam im Unterrichtsgespräch die Meinung auf, dass die Schüler*innen auch zukünftig einen Chemie-Unterricht mit Einsatz eines Lernprogramms begrüßen würden, unter der Voraussetzung, dass dieses eine modernere Aufmachung haben und mehr Videodateien enthalten solle.

Die in Kapitel 2 benannten Aspekte werden nachfolgend in einem Zwischenfazit zusammengefasst.

2.3 Zwischenfazit Kapitel 2

Im zweiten Kapitel wurde die Realisierung und Durchführung eines Lernprogramms für die Auswertung von einem Chemie-Experiment beschrieben. Es wurde die aus lernpsychologischer Sicht umstrittene Theorie hinter dem Projekt und die Probleme in der technischen Erstellung genannt. Weiterhin wurden die in der Erprobung der finalen Version des Lernprogramms aufgefallenen Besonderheiten beschrieben, die aus technischer und didaktischer Sicht diskutabel sind.

Das Projekt bedarf daher insgesamt einer Revision. Diese soll gestützt auf theoretische Grundlagen der Medienpädagogik reflexiv im folgenden Kapitel erfolgen und untersuchen, ob das Lernprogramm z.B. den Anforderungen eines „guten" Chemieunterrichts[17] entspricht und welche Rolle neue Medien im Schulunterricht spielen können.

---

[17] vgl. Meyer, Hilbert. *Was Ist Guter Unterricht?* 10. Aufl. Berlin: Cornelsen, 2014, S. 17f.

3. Ankopplung an die medienpädagogische Literatur und Reflexion

Eine kritische Reflexion bedarf einer Grundlage, die hier medienpädagogische Literatur darstellen wird. Es werden im folgenden die Begriffe der Medienpädagogik und der Medienkompetenz erläutert. Darauf aufbauend erfolgt eine spezifische Reflexion des Lernprogramms sowie eine allgemeinere Reflexion der Verbindung von Medien und Schule im Hinblick auf den Chemieunterricht.

3.1 Medienpädagogik

Der Begriff der Medienpädagogik ist mit Aufkommen der Massenmedien entstanden und wird seit den 1960er Jahren im erziehungswissenschaftlichen Sprachgebrauch verwendet.[18] Eine abstrakte Definition gab u.a. Gerhardt Tulodziecki, für den die Medienpädagogik „alle Fragen der pädagogischen Bedeutung von Medien in den Nutzungsbereichen Freizeit, Bildung und Beruf [umfasst]". Medien würden zum „Gegenstand der Medienpädagogik", wo sie „als Mittel der Information, Beeinflussung, Unterhaltung, Unterrichtung und Alltagsorganisation Relevanz für die Sozialisation des Menschen erlangen". Gegenstände der Medienpädagogik seien die Medien sowie die Produzent*innen und Nutzer*innen im jeweiligen sozialen Kontext. Untersucht würden die „Inhalte und Funktionen" der Medien sowie gesellschaftliche Auswirkungen. Das Ziel „medienpädagogische[r] Arbeit" soll sein, Nutzer*innen über die „Kompetenzstufen Wissen und Analysefähigkeit" zum Handeln mit und in Bezug auf Medien zu führen.[19]

Diese Definition richtet sich lediglich auf die rezipierenden Menschen sowie das Nutzungsverhalten. Dieter Baacke erweitert das Verständnis für Medienpädagogik, in dem er sie als „kritische[n] Begleiter der durch neue und alte Medien ausgelösten Auswirkungen auf die Individuen und die gesellschaftliche Entwicklung" versteht. Die „expandierenden Informations- und Kommunikationstechniken" würden die „kulturellen Interessen", „Entfaltungsmöglichkeiten" und „Entwicklungschancen" von Menschen jeglichen Alters immer stärker beeinflussen, da durch die „neuen Technologien das Rezeptionsverhalten gegenüber Massenmedien" und Orte des täglichen Lebens, wie z.B. Arbeitsplätze verändert worden seien. Daher untersuche die Medienpädagogik die „sozialen und kulturellen Folgen der Informations- und Kommunikationstechnologien".[20]

Eine Schlüsselrolle in der Medienpädagogik nimmt die Medienkompetenz ein. Diese wird im folgenden Abschnitt erläutert.

---

[18] vgl. Hüther, Jürgen und Schorb, Bernd. *Grundbegriffe Medienpädagogik*. 4. Aufl. München: kopaed, 2010, S. 265

[19] ebd., S. 266

[20] Röll, Franz Josef. Methoden der Medienpädagogik. In: Lauffer, Jürgen und Röllecke, Renate (Hrsg.). Methoden und Konzepte medienpädagogischer Projekte, Handbuch 1, Bielefeld: GMK, 2006, S. 10.

3.2 Medienkompetenz nach Baacke

Seit den 1990er Jahren wird Medienkompetenz als zentrales Konzept in der Medienpäda-gogik verstärkt diskutiert. Gründe sind die zunehmende Nutzung von Internet und Multime-dia. Die Erziehungswissenschaft attestiert einen aus der rasanten Zunahme resultierenden „medienpädagogische[n] Nachholbedarf".[21]

Eine allgemein gültige Definition für den Begriff der Medienkompetenz gibt es nicht.[22]

Dieter Baacke gilt als Begründer des Begriffs. In seiner Habilitationsschrift „Kommunikation und Kompetenz – Grundlegung einer Didaktik der Kommunikation und ihrer Medien" sieht er die Medienkompetenz mit der kommunikativen Kompetenz verbunden, welche jedem Men-schen von Geburt an gegeben sei und einer lebenslangen Entwicklung durch Erlernen und Üben unterläge.[23] Medienkompetenz wird hier als Lernaufgabe betrachtet. Die Kompeten-zen, die im Zurechtfinden in einer medialen Umwelt gebraucht werden, müssen sich Indi-viduen selbstständig aneignen und weiterentwickeln.

Der Begriff wird von Baacke in vier Ebenen unterteilt.[24] Er unterscheidet zwischen Medienkri-tik, Medienkunde, Mediennutzung und Mediengestaltung, die nachfolgend erläutert werden.

In der Medienkritik sieht Baacke den kritischen Umgang mit Medien, der in dreifacher Weise betrachtet werden müsse. Individuen sollen problematische gesellschaftliche Prozesse ana-lytisch erfassen und das daraus entstandene Wissen reflexiv auf das Handeln anwenden. Dies solle in einem sozial verantwortlichen Denken und Handeln münden.[25]

Unter Medienkunde versteht Baacke das Wissen über Medien und Mediensysteme sowie die Fähigkeit, Medien nutzen zu können.[26]

Die Mediennutzung besitzt nach Baacke zwei Unterebenen. Individuen könnten zum Einen als Rezipienten auftreten, zum Anderen interaktiv am Mediengeschehen teilnehmen und ak-tiv in das mediale Geschehen eingreifen.[27]

Die letztgenannte Ebene betrifft die Mediengestaltung, die laut Baacke ebenfalls zwei Un-terebenen besitzt. Individuen könnten innerhalb von Mediensystemen Weiterentwicklung be-treiben, es können darüber hinaus aber auch über Systeme hinausgehende Gestaltungsop-tionen erdacht werden.[28]

Die Definitionen der Medienpädagogik und Medienkompetenz sind vielschichtig. Sie zeigen, dass mediengestützte Inhalte im Schulunterricht zahlreichen Kriterien genügen müssen, um

---

[21] vgl. Hugger, Kai-Uwe. *Medienkompetenz.* In: Sander, Uwe. *Handbuch Medienpädagogik.* Wiesbaden: VS Ver-lag für Sozialwissenschaften / GWV Fachverlage GmbH, 2008, S. 93ff.

[22] vgl. Skript zum Seminar: John, Paul: *Nachricht im Film.* Universität Bielefeld, Sommersemester 2014.

[23] vgl. Groeben, Norbert und Hurrelmann, Bettina. *Medienkompetenz. Voraussetzungen, Dimensionen, Funktio-nen.* Weinheim, München: Juventa, 2002, S. 11.

[24] vgl. Baacke, Dieter. *Medienpädagogik. Grundlagen Der Medienkommunikation 1.* Tübingen: Niemeyer, 2007, S. 22.

[25] vgl. ebd., S. 22

[26] vgl. ebd., S. 23

[27] vgl. ebd., S. 23

[28] vgl. ebd., S. 23

Medienkompetenz zu fördern. Inwiefern dies mit dem Lernprogramm gelungen seien könnte und ob auch ein konstruktivistische Prinzipien eingehalten worden sind, wird in den folgenden Abschnitten reflektiert.

3.3 Kritische Reflexion des Lernprogramms unter medienpädagogischen Gesichtspunkten

Das Lernprogramm in der in Kapitel 2 beschriebenen Form wurde mit dem Ziel entwickelt, die Auswertung eines Chemie-Experimentes für Schüler*innen grundsätzlich neu zu gestalten. Die im Chemieunterricht meist kaum veränderlichen Variablen des Ortes, der Zeit und der Geschwindigkeit sollten durch das Programm frei wählbar gemacht werden. Die Nutzung neuer Medien versprach in der Theorie eine Lockerung des Lehrens theoretischer Chemieinhalte, was einhergehend mit einer steigenden Autonomie in den drei genannten Variablen beim Lernen für Schüler*innen gehen sollte. Es wurde davon ausgegangen, dass das Angebot des Lernprogramms die Motivation der Schüler*innen zum Lernen der chemischen Theorie steigere.

Ob diese Hypothesen verifiziert werden können, konnte in der Bachelorarbeit aufgrund einer zu gering geratenen Erprobung nicht abschließend geklärt werden, da der Fokus insgesamt auf der Erstellung des Programms liegen sollte. Das medienpädagogische Fundament wurde außer Acht gelassen, stattdessen wurde eine vorgegebene Form, die einer veralteten Lernpsychologie entspringt, als Grundlage genutzt. Eine kritische Auseinandersetzung des medienpädagogischen Gehalts fand auch nicht in Verbindung mit der Erprobung statt. Hier wurde vorwiegend auf das Feedback einer relativ kleinen Stichprobe von Schüler*innen zurückgegriffen, um lediglich ein Meinungsbild der Rezipient*innen einzuholen. Dieses wurde zur Diskussion genutzt, um zu klären, ob das Lernprogramm die gesteckten Ziele der Bachelorarbeits-Betreuung erreicht hätte. Diese Evaluation ersetzte die medienpädagogische Untersuchung.

Diese Vorgehensweise erklärt sich aus dem Umstand, dass der Betreuungshintergrund nicht im pädagogischen, sondern im fachwissenschaftlich-chemischen Bereich verortet war. Hier wird der medienpädagogische Diskurs vernachlässigt. Stattdessen wird aus positivem Feedback auf eine neue Unterrichtsmethoden eine gesteigerte Attraktivität des Chemie-Unterrichts abgeleitet, sei es in der Schule oder in nebenschulischen Bildungsangeboten wie dem *teutolab* Chemie.

In diesem Kontext entstand die Hypothese, dass es einen positiven Effekt haben könnte, Schüler*innen, die in einer zunehmend medial geprägten Umwelt aufwachsen, mit dem unbeliebten Unterrichtsfach Chemie[29] im Gewand der neuen Medien zu konfrontieren. Da positive Facetten im Feedback der Schüler*innen, die an der Erprobung des Lernprogramms

---

[29] vgl. z.B. Merzyn, Gottfried. *Naturwissenschaften, Mathematik, Technik - Immer Unbeliebter?* Baltmannsweiler: Schneider-Verl. Hohengehren, 2008, S. 6f., et al.

teilnahmen, enthalten waren, wurden diese als Indikator für eine Steigerung des Interesses an chemischen Unterrichtsinhalten gewertet.

Diese Auswertungsmethode ist sowohl qualitativ als auch quantitativ im erziehungswissenschaftlichen Sinne nicht brauchbar. Daher stellt sich die Frage, ob die eingesetzte Form des Lernprogramms aus medienpädagogischer Perspektive sinnvoll ist. Diese Frage kann nur theoretisch diskutiert werden, da lediglich das technische Gerüst und die pädagogischen Grundgedanken des Programms sowie relativ dürftige Daten aus der Erprobung des Lernprogramms vorliegen und als Grundlage der Diskussion dienen können.

Wird das Lernprogramm mit dem Stand aktueller Lernprogramme in der Chemie, z.B. frei verfügbar von Bayer[30], verglichen, fallen zum Einen die nicht zeitgemäße Machart und ein aus lernpsychologischer Sicht betrachtetes veraltetes Konzept auf.

Die Ursache der technisch veralteten Ausgestaltung ist ein damaliger Mangel an Medienkompetenz des Verfassers der Bachelorarbeit im Bereich der Programmierung. Der zeitlich limitierte Rahmen der Bachelorarbeit ließ eine fundierte Zusatzausbildung in diesem Bereich nicht zu. Die Nutzung veralteter lernpsychologischer Konzepte nach Skinner[31] ist dem Umstand geschuldet, dass dies von der Betreuung der Bachelorarbeit zwingend vorgegeben wurde.

Kombiniert ergeben diese beiden Aspekte ein unausgereiftes Produkt. Aus diesem Blickwinkel betrachtet, kann das Produkt als mangelhaftes Medium nicht für medienpädagogische Arbeit im Unterrichtsfach Chemie zugelassen werden.

Einzig denkbarer Einsatzzweck im Unterricht wäre die Evaluation des technischen und lernpsychologischen Konzepts durch Schüler*innen. Hier könnte das Lernprogramm als Negativbeispiel und Diskussionsgrundlage dienen. Dies wäre allerdings ein Unterrichtsobjekt für den Pädagogik- oder Informatikunterricht, nicht jedoch für den Chemieunterricht.

Das Lernprogramm wurde jedoch nicht zu diesem Zweck entwickelt. Es ist dementsprechend nur im Kontext des Chemieunterrichts innerhalb der Erprobung zum Einsatz gekommen. Die Diskussion des medienpädagogischen Gehaltes ist mit der Frage verbunden, inwieweit das Programm Schüler*innen Medienkompetenz abverlangt und ob es diese zu fördern vermag.

Ausgehend von den vier Ebenen der Medienkompetenz nach Baacke[32] kann dem Lernprogramm attestiert werden, dass Schüler*innen aufgrund des Wissens um die Funktionsweise der Nutzung von Internetseiten die Durchführung problemfrei möglich sein sollte. Z.B. das Anklicken von Hyperlinks in Form von Buttons oder das Abspielen von Videos fällt unter die Kompetenzebene der Medienkunde, die im Lernprogramm auf einem relativ banalem Niveau abverlangt wird. Daher kann dies Schüler*innen der neunten bis zu gymnasialen Oberstufe zugetraut werden. Weiterhin kann durch das Beantworten von Multiple-Choice-Fragen sowie dem Ausfüllen von Kreuzworträtseln und Lückentexten interaktiv mit dem Lernprogramm in-

---

[30] Siehe: http://www.standort-ludwigshafen.basf.de/group/corporate/site-ludwigshafen/de_DE/about-basf/worldwide/europe/Ludwigshafen/Education/index, zuletzt geöffnet am 21.04.2015, 14:31 Uhr.

[31] Fn. 9.

[32] Fn. 23.

teragiert werden. Die hierfür erforderliche Kompetenz ist in der Ebene der Mediennutzung zu finden, allerdings ist an dieser Stelle nur ein relativ geringes Kompetenzniveau erforderlich. Fraglich ist, ob Schüler*innen die Erlangung neuer Kompetenzen im Ebenenmodell mit dem Lernprogramm erreichen können. Die beschriebenen, relativ niedrigen Kompetenzniveaus, die Schüler*innen zur Durchführung des Lernprogramms benötigen, vermögen lediglich den Zugriff auf vorhandenes Wissen und die Fähigkeit in Bezug auf die Bedienung von Internet-seiten abzurufen. Eine Weiterentwicklung der Medienkompetenz kann nicht prognostiziert werden.

Nach Hugger „gilt *Medienprojektarbeit* als Schlüsselweg zur Medienkompetenz [nach Baacke], weil sie einerseits intrinsische Motivation freisetzt, zum anderen in Form ihrer Sub-jektorientierung mit Selbstsozialisiationsprozessen verbunden ist."[33] Da das Lernprogramm keine „Medienprojektarbeit", sondern einen relativ kurzweiligen, automatisierten Test darstellt, kann auch nach Hugger dem Programm unterstellt werden, für die Weiterentwick-lung der Medienkompetenz der Schüler*innen der Oberstufe nicht förderlich zu sein. Dies war auch keine Bedingung, die an das Produkt im Vorfeld gestellt wurde. Im Vordergrund sollte die erfolgreiche Vermittlung von chemischer Theorie stehen. Ob dies mit dem Lernpro-gramm sinnvoll ist, wird im folgenden Abschnitt reflektiert.

3.4 Reflexion der Vermittlung von chemischer Theorie mit Hilfe des Lernpro-gramms

Die Ziele des Lernprogramms waren die Förderung der Lernbereitschaft und Erhöhung des Spaßfaktors beim Lernen chemischer Theorie. Ob dies gelingen kann, ist eine Frage der kor-rekten Didaktik. Das Lernprogramm enthält viele Aspekte, die unter dieser Frage diskutiert werden müssten. Daher werden zusammenfassend die Hauptaspekte behandelt. Darunter fällt vorwiegend, dass das Lernprogramm eine Auswahl an spezifischen Inhalten eines The-mas erzwingt, da es in Form von aufeinanderfolgenden Fragen aufgebaut ist.

Die gewählten Inhalte sind festgelegt. Haben Schüler*innen über die Themen hinaus Klärungsbedarf, versagt das Lernprogramm, da es keine Rückfragen wie im Blended Learn-ing oder eine eigenständige Recherche und automatische Auswertung der Recherchen-ergebnisse ermöglicht.

Des Weiteren ist die Grundlage des Lernprogramms nur sekundär die Vermittlung von chemischer Theorie. Diese wird nur behandelt, wenn eine Multiple-Choice-Frage über die Hauptfragen falsch beantwortet wird und ein alternativer Lernpfad eingeschlagen werden muss. Ohne diese Pfade ist das Lernprogramm lediglich eine Aneinanderreihung von Wis-sensfragen, die keine Möglichkeit der Überprüfung bieten, ob das Gelernte auch verstanden worden ist.[34] Die Erprobung konnte nicht klären, inwieweit das Programm einen Lerneffekt erzielen konnte. Das steht im Widerspruch zu den oben genannten Zielen des Lernpro-

---

[33] Fn. 21.
[34] Fn. 5.

gramms. Eine Förderung der Lernbereitschaft kann nicht erreicht werden, indem die chemische Theorie auf Fragen in der Art eines Tests reduziert wird und nur im Falle einer falschen Antwort zusätzliche Informationen erfolgen. Die Wahrscheinlichkeit, dass die Fragen durch Glück oder ein Ausschlussverfahren richtig beantwortet werden, ist relativ hoch. Des Weiteren ist der Ausgangspunkt für das Lernprogramm ein Chemie-Experiment, welches ohne vorherigen Input über die dahinter stehende Theorie durchgeführt wird. Die im sich anschließenden Lernprogramm befindlichen Fragen haben aber eben diesen nicht vermittelten Input als Grundlage.

Des Weiteren stellt die spezifische Form des Lernprogramms keinen Schulunterricht dar, sodass die Kriterien eines guten Unterrichts nach Hilbert[35] gar nicht erst angewendet werden können. Dennoch soll das Programm den theoretischen Teil des Unterrichts ersetzen.

Haben die Schüler*innen aufgrund dessen keine Ambitionen, das Lernprogramm durchzuführen, genügt es, durch Raten nach geraumer Zeit die richtige Antwort herauszufinden. Hierzu müssen die alternativen Lernpfade nicht vollständig verstanden worden sein.

Die dargestellten zusammenhängenden Probleme in der Vermittlungsleistung chemischer Theorie mittels des Lernprogramms lassen die Frage offen, ob das Lernprogramm der aktuell in der Erziehungswissenschaft vertretenen Auffassung moderner Lehre im Schulunterricht, dem Konstruktivismus, genügt. Diese Frage wird im folgenden Abschnitt reflektiert.

3.5 Kritische Reflexion der Erprobung im Hinblick auf Konstruktivismus

Das Lernprogramm soll die Faktoren Lernort, -zeit und -tempo individuell auf einzelne Schüler*innen anpassbar machen. Bedingt durch den Aufbau ist es den Schüler*innen jedoch kaum möglich, sich eigenständig durch das Programm zu arbeiten. Es besteht nur die Möglichkeit, vorgegebene Antworten anzuklicken, und bei falsch gewählter Option gegebenenfalls Texte zu lesen und interaktive Elemente in linearer Reihenfolge zu bearbeiten. Es besteht keine Möglichkeit der Individualisierung der Inhalte des Lernprogramms. Des Weiteren sind die Schüler*innen auf sich alleine gestellt. Das Lernprogramm liefert keine Anreize oder Anleitungen, wie das für die Fragen benötigte Verständnis der chemischen Theorie erschlossen werden kann.

Zusammengefasst konstruieren sich die Schüler*innen mittels des Lernprogramms nicht die erforderlichen Kenntnisse des behandelten Themengebiets, sondern werden lediglich abgefragt, ohne vorher in selbstständiger Art zu spezifischem Wissen gelangt zu sein. Die Fragen sind darüber hinaus derart in die Chemie eingebettet, dass eine Beantwortung mittels in anderen Kontexten erworbenen Wissens nur bedingt möglich ist. Einzig die alternativen Lernpfade beinhalten ansatzweise konstruktivistische Züge, da diese eine selbstständige Erarbeitung neuer Themen umfassen.

---

[35] Fn. 17.

Aus den genannten Gründen lässt sich folgern, dass das Lernprogramm kaum dem Konstruktivismus zugeordnet werden kann. Die Ergebnisse der im Kapitel 3 erfolgten Reflexion werden nachfolgend in einem Zwischenfazit zusammengefasst.

3.6 Zwischenfazit Kapitel 3

Das Lernprogramm wird im Ergebnis der Reflexion als medienpädagogisch nicht wertvoll erachtet. Des Weiteren fördert es kaum die Medienkompetenz der Schüler*innen, noch genügt es aktuellen erziehungswissenschaftlichen Lehrmodellen. Die technisch wenig aufwendige Machart beschränkt das Programm zusätzlich.

Nach diesem Zwischenfazit liegt es nahe, Medien in Schulen und im Unterricht zu hinterfragen und Vorschläge für Optionen einzubringen. Dies wird im nächsten Kapitel erfolgen.

4. Medien und Schule

In der zunehmend medial geprägten Lebensumwelt[36] ist „ein erfolgreiches Lehren und Lernen ohne Medien nicht mehr vorstellbar". Die beim Lehren und Lernen verwendeten „Objekte, die eine unterrichtliche Funktion erfüllen", werden zu Medien.[37] Sie sollen zwischen Schüler*innen und Aufgaben Informationen vermitteln und Verstehensprozesse vereinfachen oder vertiefen. Daraus folgt, dass Medien zur Erreichung von Lernerfolgen unumgänglich sind.

Der Medienbegriff sollte im unterrichtlichen Kontext auf die neuen Medien eingeschränkt werden, da diese enormes Potenzial bieten. Perrelmann schätzt bereits 1992 dieses Potenzial so ein, dass er voraussagt, dass die neuen Medien mit der Zeit die Schule als Bildungsinstitution überflüssig machen könnten.[38] Neue Medien könnten den Unterricht aber auch innovieren.

Im Vorfeld soll geklärt werden, was unter den Begriff der neuen Medien gefasst werden kann. Nach Bofinger „umfassen [sie] die Rechnerausstattung (Desktops, Notebooks) einer Schule einschließlich ihrer digitalen Peripherie (Drucker, Scanner usw.), verwandte digitale Arbeits- und Präsentationsgeräte (z.B. digitale Kameras, Beamer, Whiteboards usw.), digitale Informations- und Kommunikationstechniken (Intranet, Internet) und die jeweils dazugehörigen Anwendungen (Software)."[39] In dieser Definition wird überwiegend auf den digitalen Charakter der neuen Medien gesetzt. Zu beachten ist, dass analoge Medien, beispielsweise

---

[36] Fn. 20.

[37] vgl. Hintz, Dieter, Pöppel, Gerhard und Rekus, Jürgen. *Neues schulpädagogisches Wörterbuch*. München und Weinheim: Juventa-Verlag, 1993, S.216ff.

[38] vgl. Perelman, L.J. *School´s out. A radical new formula for the revitalization of America´s educational system*. New York: Aron Books, 1992, siehe http://caupsych.quigentlarbooks.eu/?id=school_s_out_a_radical_new_formula_for_the_revitalization_of_america_s_educational_system/, zuletzt geöffnet am 22.04.2015, 23:54 Uhr.

[39] Bofinger, Jürgen. *Neue Medien im Fachunterricht. Eine empirische Studie über den Einsatz neuer Medien im Fachunterricht an verschiedenen Schularten in Bayern*. Hrsg. v. Staatsinstitut für Schulqualität und Bildungsforschung (ISB). Donauwörth: Auer Verl, 2004, S. 4.

Zeitungsartikel, in vielen Fällen digitalisiert werden können. So können z.B. Zeitungsartikel oftmals online abgerufen werden.

Die Nutzung von neuen Medien nach obiger Definition ist nur beschränkt in die Curricula eingegangen. So ist im Kernlehrplan des Landes Nordrhein-Westfalen lediglich im „Handlungsfeld 1: Unterricht gestalten und Lernprozesse nachhaltig anlegen" vermerkt, dass die Lehrkraft „Medien begründet einsetzen [soll]".[40] Ein Verweis auf neue Medien fehlt völlig.

Im Unterrichtsfach Chemie bzw. Naturwissenschaften wird in den Curricula den neuen Medien ebenfalls wenig Bedeutung beigemessen. So ist im Lehrplan für das Fach Naturwissenschaften für die Hauptschule in Nordrhein-Westfalen angemerkt, dass die „Medienbildung [...] in besonderer Art gefördert [werden solle]."[41] Neue Medien können des Weiteren in ein Unterrichtsthema im Bereich Physik hinein interpretiert werden, welches „Funktionsweise von Kommunikationsmedien" als Gegenstand benennt.[42]

Im Lehrplan für das Fach Chemie der Realschule in Nordrhein-Westfalen soll die „Medienbildung" als Teil der „nachhaltigen Entwicklung" mit in den Unterricht einbezogen werden.[43] Im Lehrplan an selbiger Schulform für das Wahlpflichtfach Chemie ist im Kompetenzbereich Kommunikation vermerkt, dass Schüler*innen „eine Recherche [...] in digitalen Medien" beherrschen müssen.[44] Des Weiteren wird als Form für eine mögliche Präsentationsaufgabe ein „Medienbeitrag (Text, Film, Podcast usw.)" genannt.[45]

Der Lehrplan für das Fach Naturwissenschaften für die Sekundarstufe I an Gesamtschulen in Nordrhein-Westfalen führt auf, dass die „Medienbildung [...] in besonderer Art gefördert [werden solle]."[46] Im Lehrplan für das Wahlpflichtfach Naturwissenschaften in der Sekundarstufe I an selbiger Schulform wird gefordert, dass „eine Recherche [....] in digitalen Medien" von den Schüler*innen beherrscht werden müsse[47], als auch die Benennung der „Kernaussagen"

---

[40] *Kerncurriculum Nordrhein-Westfalen.* 2015, S. 4. Siehe https://www.schulministerium.nrw.de/docs/Lehrkraft-NRW/Vorbereitungsdienst/Kerncurriculum.pdf, zuletzt geöffnet am 23.04.2015, 22:13 Uhr.

[41] *Kernlehrplan für die Hauptschule in Nordrhein-Westfalen. Lernbereich Naturwissenschaften. Biologie, Chemie, Physik.* 2011, S. 13. Siehe http://www.schulentwicklung.nrw.de/lehrplaene/upload/lehrplaene_download/hauptschule/NW_HS_KLP_Endfassung.pdf, zuletzt geöffnet am 23.04.2015, 23:10 Uhr.

[42] ebd., S. 59ff.

[43] *Kernlehrplan für die Realschule in Nordrhein-Westfalen. Chemie.* 2015, S. 13. Siehe http://www.schulentwicklung.nrw.de/lehrplaene/upload/klp_SI/RS/Chemie/RS_Chemie_Endfassung.pdf, zuletzt geöffnet am 24.04.2015, 15:47 Uhr.

[44] *Kernlehrplan für die Realschule in Nordrhein-Westfalen. Wahlpflichtfach Chemie.* 2015, S. 16. Siehe http://www.schulentwicklung.nrw.de/lehrplaene/upload/klp_SI/RS/wp-ch/KLP_RS_WP_Chemie_2015-02-26_Verbaende.pdf, zuletzt geöffnet am 24.04.2015, 19:12 Uhr.

[45] ebd., S. 41.

[46] *Kernlehrplan für die Gesamtschule – Sekundarstufe I in Nordrhein-Westfalen. Naturwissenschaften. Biologie, Chemie, Physik.* 2015, S. 14. Siehe: http://www.schulentwicklung.nrw.de/lehrplaene/upload/klp_SI/GE/NW/GE_NW_Bio_Che_Phy_Endfassung.pdf, zuletzt geöffnet am 25.04.2014, 9:44 Uhr.

[47] *Kernlehrplan für die Gesamtschule/Sekundarschule 1 in Nordrhein-Westfalen. Wahlpflichtfach Naturwissenschaften.* 2015, S. 16. Siehe http://www.schulentwicklung.nrw.de/lehrplaene/upload/klp_SI/GE/wp-nw/KLP_GE_WP_Naturwissenschaften_2015-02-26_Verbaendebeteiligung.pdf, zuletzt geöffnet am 25.04.2015, 14:23 Uhr.

von „Medienbeiträgen"[48], die hier auch als neue Medien interpretiert werden können und schlägt als „Präsentationaufgabe" einen „Medienbeitrag (Text, Film, Podcast usw.)"[49] vor.

Das Gymnasium in Nordrhein-Westfalen in der Sekundarstufe I sieht im Lehrplan für das Fach Chemie wie die Haupt- und Gesamtschule vor, dass „Medienbildung [...] in besonderer Art gefördert [werden solle]."[50] Im Bereich des „Lernprozessorientierte[n] Lehren und handlungsorientierte[n] Lernen[s]" wird der „Nutzung neuer Medien eine wichtige Rolle" beigemessen. Sie würden „bei der Planung, Durchführung und Auswertung von Experimenten, bei der Darstellung und der Simulation fachlicher Sachverhalte ebenso eingesetzt wie bei der Suche nach Informationen, der Präsentation und der Kommunikation von Überlegungen und Ergebnissen."[51] Darüber hinaus sollen Schüler*innen in „elektronische[n] Medien] recherchieren"[52] und „den Verlauf und die Ergebnisse ihrer Arbeit [...] unter Nutzung elektronischer Medien dokumentieren."[53]

In der gymnasialen Oberstufe wird im Lehrplan für das Fach Chemie lediglich als Beispiel für eine „Präsentationsaufgabe" ein „Medienbeitrag (z.B.Film)" genannt.[54] Außerdem sollen Schüler*innen zu „Medienbeiträgen" Stellung nehmen, worunter neue Medien fallen könnten.[55]

Somit werden lediglich im Lehrplan für das Fach Chemie der Sekundarstufe I des Landes Nordrhein-Westfalen die neuen Medien explizit und mit Einsatzvorschlägen aufgeführt. Trotz der eingeschränkten Nennung neuer Medien in den Lehrplänen könnten sie im Unterricht eingesetzt werden. Im folgenden Abschnitt werden mögliche Szenarien beschrieben.

4.1 Möglichkeiten des Einsatzes von neuen Medien im Chemieunterricht

Der Einsatz neuer Medien im Chemieunterricht ist auf vielfältige Art möglich.

Durch den Einsatz eines Smartboards können Tafelbilder gespeichert und auf einer Online-Lernplattform den Schüler*innen zur Verfügung gestellt werden. Die Einrichtung einer Lernplattform würde weitere Funktionen bieten, etwa der Bereitstellung unterrichtsrelevanter Informationen oder dem Angebot weiterführender Lernmöglichkeiten, z.B. in Form von Videos.

---

[48] ebd., S. 35.

[49] ebd., S. 47.

[50] *Kernlehrplan für das Gymnasium – Sekundarstufe I in Nordrhein-Westfalen. Chemie.* 2015, S. 10. Siehe http://www.schulentwicklung.nrw.de/lehrplaene/upload/lehrplaene_download/gymnasium_g8/gym8_chemie.pdf, zuletzt geöffnet am 26.04.2015, 13:59 Uhr.

[51] ebd., S. 11f.

[52] ebd., S. 18.

[53] ebd., S. 24.

[54] *Kernlehrplan für die Sekundarstufe II Gymnasium/Gesamtschule in Nordrhein-Westfalen.* 2015, S. 53. Siehe http://www.schulentwicklung.nrw.de/lehrplaene/upload/klp_SII/ch/KLP_GOSt_Chemie.pdf, zuletzt geöffnet am 26.04.2015, 15:41 Uhr.

[55] ebd., S. 53.

Der Einsatz einer Kamera könnte einerseits zur großflächigen Projektion von Lehrer*innen-Experimenten und andererseits in Funktion einer Videokamera zur Protokollierung von Schüler*innen-Experimenten genutzt werden.

Die Nutzung von Computern durch Schüler*innen eröffnet eine relativ große Möglichkeit, Inhalte des Chemieunterrichts mittels neuer Medien zu verarbeiten. Es könnte beispielsweise mit Hilfe kostenloser Anbieter wie wordpress.com[56] ein Blog zu einer Unterrichtsreihe erstellt werden oder Ergebnisse von Schüler*innen zusammengetragen werden. Dies könnte auch in einem Wiki geschehen. Da hier unter Umständen eine Einführung in Aspekte des Rechts oder eine Klärung technischer Fragen notwendig wären, könnte über eine fächerübergreifende Kooperation zu einer Rechts-AG oder einem Informatik-Kurs nachgedacht werden.

Die Protokolle über Experimente könnten durch Chemie-Foto-Stories[57] ersetzt werden, die von der Machart ähnlich einem Storyboard sind, jedoch künstlerische Begabung voraussetzen. Daher könnten am Computer die Chemie-Foto-Story mittels eines kostenlosen Story-Board-Editors digital erstellt werden, was die Realisierung vereinfacht und den eigentlichen chemischen Inhalt in den Vordergrund stellt.

Zur Umgestaltung der Methode des Unterrichtsgesprächs könnten gleichzeitig alle Schüler*innen mit einbezogen werden, in dem Umfrage-Software eingesetzt würde. Beispielsweise bietet das kostenlose Programm „Quizdome" die Möglichkeit, dass Teilnehmer*innen von einem Gerät mit Internetbrowser Fragen auf verschiedene Arten bearbeiten können, z.B. in Form von Bildern, Kurztexten oder Zeichnungen. Die Antworten würden nach einer voreingestellten Zeitspanne zum Computer des Umfragenden gesendet, welche oder welcher diese anonymisiert vergrößert projizieren könnte.[58]

Das Chemie-Protokoll oder die Sicherung anderer Inhalte können auch als Audioproduktion verwirklicht werden. Beispielsweise könnten Schüler*innen einen selbst erdachten Song produzieren oder eine Unterrichtsreihe in einem Hörspiel verarbeiten.

Ein „WebQuest" bietet die geleitete Recherche im Internet zu einer Problemstellung und kann mit internetfähigen Geräten von Schüler*innen umgesetzt werden. Auf einer Website, die „WebQuest-Seite", werden den Schüler*innen „Aufgabenstellungen, Orientierung und Hilfestellungen" geboten. Die Ergebnispräsentationen können ebenfalls auf der Seite hochgeladen und von anderen Projektteilnehmer*innen angesehen werden.[59]

Im Internet sind darüber hinaus kostenlose Spiele verfügbar, die Inhalte des Chemie-Unterrichts abdecken und als Ergänzung eingesetzt werden könnten.[60]

---

[56] Siehe https://de.wordpress.com, zuletzt geöffnet am 30.04.2015, 13:29 Uhr.

[57] Siehe http://www.uni-muenster.de/imperia/md/content/didaktik_der_chemie/prechtl_ab_anleitung_chemie_foto_story.pdf, zuletzt geöffnet am 27.04.2015, 11:02 Uhr

[58] Siehe http://freequizdome.com, zuletzt geöffnet am 27.04.2015, 12:15 Uhr.

[59] vgl. *Unterrichten mit digitalen Medien. WebQuests.* Siehe http://www.lehrer-online.de/webquests.php, zuletzt geöffnet am 28.04.2015, 11:23 Uhr.

[60] z.B. http://www.ddesignmedia.de/Komplex_Chemie/HTML/GMS/%DCbungen/Inhalt.htm, zuletzt geöffnet am 28.04.2015, 14:43 Uhr.

Die Erstellung bzw. Gestaltung eines individuellen Medienproduktes unter Zuhilfenahme frei verfügbarer neuer Medien ist ebenfalls denkbar. So könnten Schüler*innen interaktive Aufgaben und kleine Programme zu den Unterrichtsinhalten mittels eines Autorenprogramms selbst erstellen.[61]

Bei der Wahl der Medien sind Grenzen bei Kosten und Verfügbarkeit anzusetzen. Diese treten aber nur in Ausnahmefällen auf, da die meisten Schulen über eine technische Ausstattung in Form von Beamern, Computer-Räumen mit Internet und Smartboards verfügen und die für die gemachten Vorschläge benötigte Software oftmals als Freeware angeboten wird.

Die genannten Möglichkeiten, neue Medien im Chemie-Unterricht einzusetzen, stellt nur eine Auswahl dar. Es sind viele weitere Einsatzmöglichkeiten denkbar. Dies zeigt das von Tulodziecki beschriebene hohe Potenzial der neuen Medien.[62]

Dies eröffnet darüber hinaus, dass es neben dem reflektierten Lernprogramm vielfältige Möglichkeiten gibt, welche die an das Programm gestellten Anforderungen erfüllen und sich weitaus mehr in den Chemie-Unterricht integrieren lassen.

In dieser Arbeit wurden bisher das der Untersuchung zugrundeliegende Lernprogramm vorgestellt, welches daraufhin vor dem medienpädagogischen Hintergrund reflektiert wurden. Die Reflexion wurde durch eine Darstellung der Kombination von Medien und Schule ergänzt. Die Ergebnisse und Erkenntnisse der Arbeit sollen im folgenden Kapitel in einem Fazit zusammengefasst werden.

5. Fazit

Bereits im Abschnitt 2.1, der „Realisation" des Lernprogramms wurde beschrieben, dass die Theorie und die technische Realisierung des Programms Mängel aufweisen. Dazu gehören eine aus der aktuellen Wissenschaft verdrängte lernpsychologische Theorie, die das Fundament des Lernprogramms bildet sowie eine qualitativ schlechte technische Umsetzung.

Dies konnte in der Reflexion vor dem Hintergrund medienpädagogischen Literatur verifiziert werden. Beide Mängel führen zu einer Untauglichkeit des Lernprogramms im unterrichtlichen Einsatz. Es sollte vermieden werden, ein didaktisches Konzept zu benutzen, welches von der Forschung kritisiert und verdrängt wurde. Auch vermag die technische Gestaltung des Programms nicht mit der Förderung von Medienkompetenz einhergehen.

Selbige Ergebnisse lassen sich aus der Erprobung, die in Abschnitt 2.2 skizziert wurde, herleiten. Diese konnte zudem nicht klären, ob das Lernprogramm auch einen Lerneffekt habe.

Die festgestellten und im Kapitel 3 reflektierten Mängel des Lernprogramms lassen sich nur durch eine völlige Neukonzeption des Lernprogramms beheben. Hierfür stehen zahlreiche Möglichkeiten zur Verfügung, die in Kapitel 4 beschrieben werden.

Die Ausrichtung des Lernprogramms müsste nach einem funktionierendem Konzept mediendidaktischer Forschung erfolgen. Ohne das Funktionieren auf der Ebene der Didaktik würde

---

[61] Siehe z.B. http://chemie-lernprogramme.de/daten/html/jahrgangsstufen.html, zuletzt geöffnet am 28.04.2015, 15:21 Uhr.

[62] Fn. 36.

das Lernprogramm nur mäßig geeignet sein, einen Lerneffekt hervorrufen und Medienkompetenz fördern zu können.

Die Verwirklichung des Programms sollte darüber hinaus einem modernen Standard entsprechen. Von der Aktualität und der Aufmachung des Programms hängt ab, inwiefern Schüler*innen das Programm empfinden. Würde es gelingen, das Programm in einem Stil zu realisieren, bei dem der zu vermittelnde Unterrichtsstoff vollends im Vordergrund steht, würde dies den Lerneffekt unterstützen. Das Programm sollte nach Möglichkeit keine Elemente beinhalten, die den Fokus auf das Lernprogramm an sich lenken. Hierzu könnte z.B. eine intuitive Bedienung beitragen. Förderlich könnten auch optische Bestandteile im Stil bekannter Designs von Medien sein, die den Schüler*innen durch anderweitigen Konsum geläufig sind, beispielsweise in Apps häufig zu sehende Buttons oder Ausdrucksformen wie das „Like"-Icon des Social Networks „Facebook".[63]

Es kann geschlussfolgert werden, dass das Lernprogramm für den vorgesehenen Zweck ungeeignet ist und einer vollständigen Revision bedarf.

Durch die Reflexion des Lernprogramms konnten zusätzlich zur Beantwortung der eigentlichen Fragestellung weitere Erkenntnisse gewonnen werden, die im folgenden Abschnitt beschrieben werden.

5.1 Weitere Erkenntnisse

Das Wissen um Medien und Medienpädagogik allgemein ist im Studium des Master of Education, in dem das Profil „Medien" gewählt wurde, im Vergleich zum Zeitpunkt der Bearbeitung der Bachelorarbeit relativ stark ausgebaut worden. Vor Allem in den Seminaren der Medienpädagogik, die vorbereitend für die Fallstudie besucht wurden, konnten wertvolle Erkenntnisse gewonnen werden, welche die Reflexion des Produkts der Bachelorarbeit erst möglich gemacht haben. Mit dem derzeitigen Wissens- und Kompetenzstand wäre ein derartiges Lernprogramm niemals erstellt worden.

Das Studium der Lehrpläne für das Fach Chemie bzw. Naturwissenschaften in der Sekundarstufe I und II zeigt, dass neuen Medien relativ wenig Platz eingeräumt wird. Die Förderung der Medienkompetenz und der Einsatz neuer Medien ist mit Ausnahme der Sekundarstufe I an Gymnasien nicht explizit vorgesehen. Stattdessen finden sich Sätze, die meistens am Rande allgemeiner Hinweis-Kapitel zu finden sind und scheinbar lediglich der Vollständigkeit halber in die Lehrpläne mit aufgenommen worden sind.

Im Gegensatz dazu steht die zunehmende mediale Umwelt, in der die Schüler*innen aufwachsen. Sie sind unmittelbar vom unmodernen Inhalt der benannten Lehrpläne betroffen. Durch Schulpraktika konnte eine zunehmende Digitalisierung von Schulen beobachtet werden, z.B. in der Substitution von Overheadprojektoren durch Beamer. Die Nutzung dieser Ausstattung ist beschränkt durch die individuelle Medienkompetenz der Lehrer*innen und auf

---

[63] Siehe http://ucanr.edu/blogs/socialmedia/blogfiles/17506_original.png, zuletzt geöffnet am 29.04.2015, 10:45 Uhr.

die didaktische Ausbildung, die nicht bei allen Lehrer*innen medienpädagogische Elemente enthält.

Dem Wandel der Zeit muss dahingehend Folge geleistet werden, dass unter anderem die Curricula dringend nachgebessert werden.

Das Fazit dieser Fallstudie wird im Folgenden als Ausgangspunkt für einen Ausblick genutzt, in dem beschrieben wird, wie die gesammelten Erkenntnisse im zukünftigen Lehrer*innen-beruf gewinnbringend eingesetzt werden könnten.

6. Ausblick

Diese Fallstudie zeigt, dass Medien aus der Schule und dem unterrichtlichen Geschehen nicht mehr wegzudenken sind. Daher liegt es nahe, die eigene Medienkompetenz kritisch zu überprüfen und gegebenenfalls zu verbessern. Dies könnte zu einem zukünftigen Lehren führen, welches den reflektierten Einsatz neuer Medien unter dem Aspekt der Förderung der Medienkompetenz der Schüler*innen in den Fokus setzt.

Des Weiteren sollte der eigene Unterricht aufgrund ihres Potentials mit neuen Medien gestaltet werden. Sollten benötigte neue Medien an der Schule nicht verfügbar sein, kann in vielen Fällen durch zahlreiche, kostenfreie Optionen ersetzt werden. Wenn Schüler*innen zunehmend mit neuen Medien aufwachsen und ihr Alltag durch diese beeinflusst wird, muss der unterrichtliche Einsatz und die Förderung der Medienkompetenz ein unumgängliches Bestreben sein.

Der Einsatz neuer Medien bietet darüber hinaus vielfältige Möglichkeiten fächerüber-greifenden Unterrichts. So können die eigenen beiden Unterrichtsfächer, Chemie und Sozialwissenschaften, verbunden werden. Ohne den Einsatz der neuen Medien ist eine Überschneidung zunächst kaum denkbar, aber beispielsweise in einem WebQuest möglich, der Rechercheaufgaben zur geopolitischen Situation des Themas Erdöl mit einer Aufgabe zur Chemie des Rohstoffes kombiniert. Zudem können Kooperationen mit Kolleg*innen eingegangen werden.

Die Ergebnisse der Reflexion des Lernprogramms offenbarten Mängel, die sich teilweise aus Überalterung ergeben haben. Es muss daher zwingend darauf geachtet werden, sich auf dem neuesten Stand neuer Medien zu halten, um den Schüler*innen stets Aktualität bieten zu können, die mit Effektivität in der Förderung der Medienkompetenz einhergehend wäre.

Der Einsatz eines Lernprogramms im Format des Produkts der Bachelorarbeit wird nicht mehr erfolgen. Sollten zukünftig selbstgestaltete Inhalte für den Computer erstellt werden müssen, würde sich an der stetig steigenden Anzahl von Autorenprogrammen[64] bedient, die eine Erstellung moderner Programminhalte auch ohne Kenntnisse in der Informatik möglich machen. Durch die erworbenen erziehungswissenschaftlichen Kenntnisse im Master of Education wäre auch die gewinnbringende didaktische Planung von Inhalten möglich.

---

[64] Fn. 60.

Quellenangaben

1. Bücher

Baacke, Dieter. *Medienpädagogik. Grundlagen Der Medienkommunikation 1.* Tübingen: Niemeyer, 2007, S. 22.

Bofinger, Jürgen. *Neue Medien im Fachunterricht. Eine empirische Studie über den Einsatz neuer Medien im Fachunterricht an verschiedenen Schularten in Bayern.* Hrsg. v. Staatsinstitut für Schulqualität und Bildungsforschung (ISB). Donauwörth: Auer Verl, 2004, S. 4.

Crowder, N. A. *Automatic Tutoring by Means of Intrinsic Programming.* In: Galanter, E. *Automatic Teaching: the State of the Art.* New York: John Wiley and Sons, Inc., 1959, S. 109ff.

Hintz, Dieter, Pöppel, Gerhard und Rekus, Jürgen. *Neues schulpädagogisches Wörterbuch.* München und Weinheim: Juventa-Verlag, 1993, S.216ff.

Hugger, Kai-Uwe. *Medienkompetenz.* In: Sander, Uwe. *Handbuch Medienpädagogik.* Wiesbaden: VS Verlag für Sozialwissenschaften / GWV Fachverlage GmbH, 2008, S. 93ff.

Hüther, Jürgen und Schorb, Bernd. *Grundbegriffe Medienpädagogik.* 4. Aufl. München: kopaed, 2010, S. 265

Jendryschik, M. *Einführung in XHTML, CSS Und Webdesign. Programmer's Choice.* München [u.a.]: Addison-Wesley, 1. Aufl., 2009.

Kerres, Michael. *Multimediale und telemediale Lernumgebungen. Konzeption und Entwicklung.* München: Oldenbourg Wissenschaftsverlag, 2001, S. 65.

Kiper, Hanna. *„Fallverstehen" – Überlegungen zur Professionalisierung von Lehrerhandeln.* In: PF: ue 31./22. Jg., Nr. 2/2003, S. 102.

Koring, Bernhard. Grundprobleme pädagogischer Berufstätigkeit, Bad Heilbrunn/Obb.: Klinkhardt, 1992, S. 69.

Merzyn, Gottfried. *Naturwissenschaften, Mathematik, Technik - Immer Unbeliebter?* Baltmannsweiler: Schneider-Verl. Hohengehren, 2008, S. 6f., et al.

Meyer, Hilbert. *Was Ist Guter Unterricht?* 10. Aufl. Berlin: Cornelsen, 2014, S. 17f.

Niegemann, H. M. *Kompendium Multimediales Lernen*. Berlin, Heidelberg: Springer-Verlag, 1. Aufl., 2008. S. 3ff. et al.

Röll, Franz Josef. Methoden der Medienpädagogik. In: Lauffer, Jürgen und Röllecke, Renate (Hrsg.). Methoden und Konzepte medienpädagogischer Projekte, Handbuch 1, Bielefeld: GMK, 2006, S. 10.

Schaub, H und Zenke, K. *Wörterbuch Pädagogik*. München: dtv, 1. Aufl., 1999, S. 276.

Skinner, B. F. *The Technology of Teaching*. New York: Appleton-Century-Crofts, 1968, Nachdruck 2003 der B.F.Skinner Foundation, S. 10ff.

Stadtfeld, P. *Allgemeine Didaktik Und Neue Medien*. Bad Heilbrunn/Obb.: Klinkhardt, 1. Aufl., 2004, S. 70.

Tittel, Ed. *HTML 4 Für Dummies*. Bonn: mitp, 2003.

2. Internetseiten

Heuermann, Martina. *teutolab Chemie. Sekundarstufe I*. http://www.uni-bielefeld.de/teutolab/fachorientiert/chemie/angebot/sekl.html, zuletzt geöffnet am 13. März 2015, 10:54 Uhr.

http://chemie-lernprogramme.de/daten/html/jahrgangsstufen.html, zuletzt geöffnet am 28.04.2015, 15:21 Uhr.

http://freequizdome.com, zuletzt geöffnet am 27.04.2015, 12:15 Uhr.

http://ucanr.edu/blogs/socialmedia/blogfiles/17506_original.png, zuletzt geöffnet am 29.04.2015, 10:45 Uhr.

http://www.ddesignmedia.de/Komplex_Chemie/HTML/GMS/%DCbungen/Inhalt.htm, zuletzt geöffnet am 28.04.2015, 14:43 Uhr.

http://www.felix-riesterer.de/main/seiten/quiz-script.html, zuletzt geöffnet am 25.03.2015, 11:30 Uhr.

http://www.standort-ludwigshafen.basf.de/group/corporate/site-ludwigshafen/de_DE/about-basf/worldwide/europe/Ludwigshafen/Education/index, zuletzt geöffnet am 21.04.2015, 14:31 Uhr.

http://www.uni-bielefeld.de/teutolab/fachorientiert/chemie/index.html, zuletzt geöffnet am 23.03.2015, 21:54 Uhr.

http://www.uni-muenster.de/imperia/md/content/didaktik_der_chemie/prechtl_ab_anleitung_-chemie_foto_story.pdf, zuletzt geöffnet am 27.04.2015, 11:02 Uhr

http://www.ziemke-koeln.de/download/, zuletzt geöffnet am 25.03.2015, 11:31 Uhr.

https://de.wordpress.com, zuletzt geöffnet am 30.04.2015, 13:29 Uhr.

Perelman, L.J. *School's out. A radical new formula for the revitalization of America's educational system.* New York: Aron Books, 1992, siehe http://caupsych.quigentlarbooks.eu/?id=school_s_out_a_radical_new_formula_for_the_revitalization_of_america_s_educational_system/, zuletzt geöffnet am 22.04.2015, 23:54 Uhr.

Planungshilfe für Studierende: Studienleistungen für den Master GymGe – Erziehungswissenschaft. http://www.uni-bielefeld.de/erziehungswissenschaft/pruefungsamt/download/Planungshilfe_MEd_GG.pdf, S. 1ff., zuletzt geöffnet am 14. März 2015, 12:05 Uhr.

Unterrichten mit digitalen Medien. WebQuests. Siehe http://www.lehrer-online.de/webquests.php, zuletzt geöffnet am 28.04.2015, 11:23 Uhr.

3. Sonstige Quellen

Groeben, Norbert und Hurrelmann, Bettina. *Medienkompetenz. Voraussetzungen, Dimensionen, Funktionen.* Weinheim, München: Juventa, 2002, S. 11.

Kerncurriculum Nordrhein-Westfalen. 2015, S. 4. Siehe https://www.schulministerium.nrw.de/docs/LehrkraftNRW/Vorbereitungsdienst/Kerncurriculum.pdf, zuletzt geöffnet am 23.04.2015, 22:13 Uhr.

Kernlehrplan für das Gymnasium – Sekundarstufe I in Nordrhein-Westfalen. Chemie. 2015, S. 10. Siehe http://www.schulentwicklung.nrw.de/lehrplaene/upload/lehrplaene_download/gymnasium_g8/gym8_chemie.pdf, zuletzt geöffnet am 26.04.2015, 13:59 Uhr.

Kernlehrplan für die Gesamtschule – Sekundarstufe I in Nordrhein-Westfalen. Naturwissenschaften. Biologie, Chemie, Physik. 2015, S. 14. Siehe: http://www.schulentwicklung.nrw.de/lehrplaene/upload/klp_SI/GE/NW/GE_NW_Bio_Che_Phy_Endfassung.pdf, zuletzt geöffnet am 25.04.2014, 9:44 Uhr.

Kernlehrplan für die Gesamtschule/Sekundarschule 1 in Nordrhein-Westfalen. Wahlpflichtfach Naturwissenschaften. 2015, S. 16. Siehe http://www.schulentwicklung.nrw.de/lehrplaene/upload/klp_SI/GE/wp-nw/KLP_GE_WP_Naturwissenschaften_2015-02-26_Ver baendebeteiligung.pdf, zuletzt geöffnet am 25.04.2015, 14:23 Uhr.

Kernlehrplan für die Hauptschule in Nordrhein-Westfalen. Lernbereich Naturwissenschaften. Biologie, Chemie, Physik. 2011, S. 13. Siehe http://www.schulentwicklung.nrw.de/lehrplaene/upload/lehrplaene_download/hauptschule/NW_HS_KLP_Endfassung.pdf, zuletzt geöffnet am 23.04.2015, 23:10 Uhr.

Kernlehrplan für die Realschule in Nordrhein-Westfalen. Chemie. 2015, S. 13. Siehe http://www.schulentwicklung.nrw.de/lehrplaene/upload/klp_SI/RS/Chemie/RS_Chemie_Endfassung.pdf, zuletzt geöffnet am 24.04.2015, 15:47 Uhr.

Kernlehrplan für die Realschule in Nordrhein-Westfalen. Wahlpflichtfach Chemie. 2015, S. 16. Siehe http://www.schulentwicklung.nrw.de/lehrplaene/upload/klp_SI/RS/wp-ch/KLP_RS_WP_Chemie_2015-02-26_Verbaende.pdf, zuletzt geöffnet am 24.04.2015, 19:12 Uhr.

Kernlehrplan für die Sekundarstufe II Gymnasium/Gesamtschule in Nordrhein-Westfalen. 2015, S. 53. Siehe http://www.schulentwicklung.nrw.de/lehrplaene/upload/klp_SII/ch/KLP_-GOSt_Chemie.pdf, zuletzt geöffnet am 26.04.2015, 15:41 Uhr.

Skript zum Seminar: John, Paul: *Nachricht im Film.* Universität Bielefeld, Sommersemester 2014.